# ÉTUDE

SUR LA STATION

ET

# LES EAUX DE RECOARO

(ITALIE).

PAR

## Le D<sup>r</sup> LABAT,

Vice-Président de la Société d'Hydrologie
Membre de la Société de Géologie.

---

Extrait des Annales de la Société d'Hydrologie, t. XXI.

---

PARIS

LIBRAIRIE J.-B. BAILLIÈRE ET FILS

19, rue Hautefeuille, près du boulevard St-Germain.

—

1876

(23)

# ÉTUDE

## SUR LA

# STATION ET LES EAUX DE RECOARO

## (ITALIE).

———

Recoaro appartient à la classe des eaux ferrugineuses bicarbonatées. A ce titre, elle occupe, en Italie, le premier rang ; elle est aussi la première des stations de ce genre, si nombreuses dans la contrée des Alpes rhétiques, qui est divisée entre l'Italie, la Suisse et l'Autriche. Il était donc indiqué de la choisir comme type et comme sujet d'étude.

Recoaro est situé dans la haute Italie, province de Vicence, district de Valdagno. On y va par le chemin de fer de Turin à Venise ; de la station de Tavernelle, 36 kilomètres, ou de la station de Vicence, 44 kilomètres, avec de bonnes voitures. La grand-route de Vicence à Valdagno traverse la plaine remarquable par ses belles cultures. Après Valdagno, on entre dans la montagne et l'on remonte la vallée du même nom, toujours au milieu d'une végétation riche et variée.

Le bourg de Recoaro, qui attire l'attention par ses

maisons blanches, compte 6,000 habitants et offre des ressources aux étrangers. Il est au fond de la vallée, tandis que les établissements bâtis autour des sources la dominent et constituent une seconde agglomération. Là se trouve la villa Giorgetti et ses succursales, les buvettes et les galeries qui les protégent, les boutiques d'objets d'art et la promenade. Le nouveau Casino, contenant un établissement de bains, encore inachevé l'été dernier , remplacera avantageusement le Casino du bourg, en sorte que la partie haute de Recoaro sera, plus que jamais, le rendez-vous de la société élégante.

Déjà le nombre des visiteurs dépasse 8,000, tous inscrits sur un registre tenu comme les Curlistes d'Allemagne. 3,000 peuvent trouver place dans les hôtels ou dans les maisons particulières, ce qui produit un grand mouvement en pleine saison. La plupart sont Italiens ; il y a aussi des Autrichiens, des Levantins, très-peu de Français venant de la vallée du Rhône. Quelques personnes doivent compter comme touristes ; ils trouvent à faire des excursions pittoresques.

La saison dure du 15 mai au 15 septembre, en juillet et août les hôtels sont pleins ; on part aux premières fraîcheurs de septembre.

L'expédition de l'eau minérale dépasse 500,000 bouteilles ; nous n'avons que des éloges à adresser à l'administration pour le soin qu'elle apporte au rinçage des bouteilles par l'acide chlorhydrique et au bouchage avec introduction d'acide carbonique sous le vide du bouchon. Les bouteilles ont une forme spéciale ; leur capacité est ordinairement d'une livre médicinale.

Le domaine, propriétaire des sources, *Regie Fonti,*

les a mises en régie. Le D<sup>r</sup> Chiminelli porte le titre de
*Medico ispettore*, ou *Medico commissario delle regi.
fonti*. Il a, comme nos inspecteurs, le logement et des
appointements fixes. Seize années de pratique lui ont
permis de publier plusieurs brochures, la dernière inti-
tulée : *Recoaro e le sue acque minerali*, 1875. Le docteur Bologna, ancien inspecteur, est également l'au-
teur de publications intéressantes. Il s'est particulière-
ment appliqué à faire ressortir le mérite de la Fonte
Giuliana ; nous aurons l'occasion de discuter ses appré-
ciations à ce sujet. Quelques médecins étrangers donnent des consultations en passant.

L'hôpital militaire, sur la route de la Fonte Giuliana,
loge une centaine d'officiers et soldats qui y font une
cure de vingt jours. L'hôpital civil est plus petit ; les
pauvres y sont hospitalisés moyennant 1 fr. 30 par jour
payé par leur commune (1).

Peu de choses à dire sur l'histoire de Recoaro : placé
aux confins du territoire vénéte et de l'ancienne Rhétie,
il ne paraît pas avoir attiré l'attention des Romains qui
préféraient les sources chaudes. La tradition nous dit
que la contrée fut peuplée par les Cimbres vaincus ;
l'ancien dialecte germanique ne prouve nullement cette
origine fantaisiste. L'eau fut appelée autrefois *Acqua
miracolosa di S. Antonio* ; plus tard, on la buvait sous
le nom d'eau de Valdagno, parce qu'il n'y avait pas encore d'établissement à Recoaro. On peut dire que la
connaissance de ces eaux date de deux siècles ; en 1689

(1) Le nombre des médecins ne paraît pas en rapport avec
celui des malades ; nous verrons, plus loin, que ces derniers se
passent souvent de direction.

le comte Lelio donnait son nom à la source principale ;
en 1694, le professeur Graziano, de Padoue, publiait le
premier travail scientifique.

### I. — HISTOIRE NATURELLE DE LA STATION.

Nous suivrons le même plan que pour Montecatini.
La première partie sera consacrée à l'histoire naturelle,
qui comprend le climat, la constitution géologique du
sol et les sources.

*Climat.* — Recoaro approche du 46° de latitude N., à
peu près sur la ligne de Côme. La source Lélia est à
plus de 500 m. au-dessus du niveau de l'Adriatique, à
une cinquantaine de mètres au-dessus du bourg; c'est,
à peu de choses près, la hauteur de Ragatz. Cette partie
de la vallée d'Agno se trouve environnée et protégée
par un grand cercle de montagnes dont les plus hautes
sont au N.O., tandis qu'elles s'abaissent et s'ouvrent
vers le S. Pour s'en faire une idée complète, le meilleur
moyen est de gravir le Spitz qui est au S.-S.-O. du village (1,150 m.).

Les conditions qui précèdent indiquent un climat
tempéré; cette présomption s'accroît encore à la vue
des productions du sol. La vallée d'Agno présente de
riches cultures, du maïs, de la vigne; parmi les ar-
bres, des aulnes, des noyers, des châtaigners, des mû-
riers.

Dans mes explorations sur les hauteurs, j'ai trouvé le
maïs jusqu'à 900 m., vers la source Catulliana, et
presqu'à 1,000 m. du côté de Fongara; de beaux
noyers dans ce village; plus haut, des bois de noise-

tiers, enfin des prairies ; les sommets calcaires étaient dénudés.

Venons à des données plus précises : je n'ai pas vu, dans les livres, la température moyenne annuelle, mais j'ai tout lieu de croire qu'elle oscille autour de 11° C., d'après l'examen des sources. C'est la température de la source du café Giorgetti, celle d'une grosse source émergeant, à St-Giorgio, du torrent même de l'Agno, sans être influencée par ce dernier à cause de sa masse au point d'émergence ; les habitants ont remarqué la constance de cette température dans toutes les saisons. Dix années d'observation, à l'époque des eaux, donnent comme moyenne 18° C. et 20° pour juillet et août, tandis que la moyenne des plaines voisines monte à 23 ou 24 ; cela explique comment on vient chercher la fraîcheur à Recoaro.

Je n'ai pu faire d'observations que pendant douze jours, fin août. Si ma moyenne de température (22 à 23) dépasse notablement le chiffre habituel 20, cela tient à la chaleur exceptionnelle d'août 1875. Mes indications barométriques ont varié de 721 à 710,5 millim., ce qui correspond sensiblement à l'altitude. J'ai trouvé, comme moyenne hygrométrique de trois observations par jour, 70 à 72 0/0 d'humidité relative ; le chiffre assez élevé le matin et le soir s'abaissait notablement vers le milieu du jour.

Les pluies sont assez fréquentes pour rafraîchir l'atmosphère, sans devenir incommodes par leur répétition, comme dans le Tyrol ; ici, le nombre des jours beaux l'emporte. Les résultats hygrométriques font comprendre la fraîcheur des soirées, qu'on redoute avec raison après les chaleurs du jour. Ces chaleurs sont plus accablantes dans le bourg de Recoaro, à cause de sa situation. Aussi la coutume est de ne commencer la promenade à âne, ou en voiture, qu'à quatre ou cinq heures de l'après-midi.

Le mois de septembre est moins chaud, généralement beau, et serait excellent pour la cure, bien qu'il tombe parfois un peu de neige sur les montagnes voisines. Par habitude, on s'en va dans la première quinzaine.

Le pays est sain et la population jouit d'une certaine aisance ; néanmoins, on n'y rencontre point ces types vigoureux des environs de Bergame et de Brescia. Un grand nombre d'habitants ont le facies un peu anémique, quelques-uns portent des goîtres. Que les habitués de Recoaro se rassurent ; le goître ne prouve rien contre la salubrité de la vallée d'Agno ; on le rencontre à Gastein et dans les plus belles vallées du Tyrol et de la Suisse où, pendant l'été, les étrangers vont chercher un air pur et vivifiant. La localité est à l'abri des fièvres intermittentes par son altitude, et l'on y guérit de celles contractées dans la plaine. Même remarque relativement aux catarrhes intestinaux, dysentéries, etc. L'influence du lieu peut donc avoir sa part dans l'amélioration ou dans la guérison de certaines maladies. De là, la nécessité de faire connaître les conditions du climat.

*Constitution géologique.* — Le sol du Vicentin a depuis longtemps excité l'intérêt des géologues. En 1847, une excursion scientifique eut lieu dans les vallées de Schio et de Recoaro; les noms des principaux savants qui en faisaient partie, Pasino, de Buch, Murchison, de

Verneuil, témoignent de l'importance de cette exploration. Omboni, ayant lui-même visité cette région, a fait un résumé des travaux antérieurs accompagné d'intéressants détails. (Atti della Societa italiana, vol. V).

La région qui nous occupe fait partie d'un groupe de montagnes comprises entre le cours de l'Adige et celui de la Brenta, groupe dans lequel les vallées se dirigent vers le S.-E. en s'éloignant de la grande chaîne. L'une d'elles s'appelle Valle dell'Agno, du nom du torrent qui la parcourt et renferme le pays de Recoaro.

Le fond de la vallée est un terrain schisteux cristallin ; on y trouve plusieurs variétés de micaschistes. Au-dessus de cette première assise et sur le flanc des montagnes, du côté de Rovegliana, du sanctuaire de S. Giuliana, du Spitz, apparaissent les grès et les calcaires du Trias. En montant au sanctuaire de S.-Giuliana, on trouve une belle masse de grès bigarré qui a subi fortement la dénudation.

Enfin, le grand cercle de montagnes dentelées qui forme la couronne supérieure ou le sommet de l'amphithéâtre naturel mentionné plus haut, se compose de calcaires liasiques et jurassiques si répandus sur le versant italien des Alpes. Vient-on à descendre vers la plaine, du côté de Vicence, on passe des terrains anciens aux terrains plus modernes, jusqu'au crétacé, à l'éocène, au pliocène, etc.

Tous ces terrains stratifiés de divers âges ont subi de fortes et nombreuses dislocations, probablement en correspondance avec les divers soulèvements des Alpes Venètes, comme l'a fait ressortir Pasini. Du haut du sanctuaire de S.-Giuliana, où l'on domine la vallée de l'Agno et celle de l'Orco, du haut de l'église de Fongara où la vue plonge dans la vallée de la Spaccata, j'ai pu me faire une idée de la nature tourmentée de cette région.

Les roches éruptives y abondent : les porphyres pyroxéniques, parmi lesquels le filon de Fongara, au sein de calcaires jurassiques ; la dolerite, sorte de basalte qui traverse plusieurs roches anciennes, entr'autres les micaschistes. En 1841, Pasini, contrairement à l'ancienne opinion, montrait que les eaux de Recoaro sortent à côté d'un filon de dolérite. Quant aux basaltes et aux brèches volcaniques du Vicentin, que l'ancienne étude de Brongniart a rendus classiques, nous nous contenterons de rappeler qu'ils se trouvent dans les couches tertiaires plus voisines de la plaine.

Le trias renferme fréquemment du gypse et le jurassique de beaux marbres analogues à ceux de Vérone.

Telles sont les principales roches que rencontrent à leur passage les eaux de cette contrée. Si nous avons insisté sur leur dislocation, c'est que les phénomènes éruptifs sont en relation étroite avec la production du gaz carbonique, l'un des principaux éléments des eaux que nous avons à décrire. Pour entrer plus avant dans la connaissance des relations entre les eaux et le terrain, il est bon de dire un mot de la composition des roches.

Le micaschiste est constitué, comme d'ordinaire, par une alternance de quartz et de mica, ce qui se voit très-bien sur les coupes perpendiculaires à la stratification (route de la Nogara). Il est généralement friable, se divise en lames à reflets argentés et se met en poussière grasse au toucher comme du talc, ce qui indique son caractère magnésien. J'appellerai l'attention sur la transformation du micaschiste de la Fonte Giuliana en une substance blanche, qui n'est autre chose que de la giobertite ou carbonate de magnésie. Mise en poudre, cette substance fait effervescence avec les acides et s'y dissout entièrement. Le soluté ne donne rien par l'oxalate d'ammoniaque et précipite par le phosphate de soude ammoniacal. En traitant par l'eau on dissout une très-faible partie de la substance blanche, assez cependant pour fournir une légère réaction alcaline. Le docteur Bologna s'en est fait un argument pour donner à l'eau de la Giuliana le nom d'alcaline. C'est une exagération ; il n'en reste pas moins vrai que le carbonate magnésien, provenant de la transformation du silicate, devient soluble dans une eau gazeuse carbonique, tandis que cette eau ne pouvait rien emprunter à la roche, tant qu'elle demeurait silicatée.

Ce même micaschiste, chauffé au tube fermé, donne de l'ammoniaque, produit indiqué dans l'analyse chimique. (Voir le tableau).

Partout le micaschiste est imprégné de matière ocreuse qui le colore ; cette matière s'y présente sous forme de petits amas, de points plus ou moins volumineux dont quelques-uns ne sont visibles qu'à la loupe. Si l'on porphyrise la roche dans un mortier d'agate, la poussière est d'un jaune d'ocre et se transforme en rouge brun par la calcination. Le soluté chlorhydrique, étendu d'eau, fournit d'abondants précipités par les principaux réactifs du fer. L'hydrate d'oxyde de fer jaune est contenu dans la matière argileuse ; car si l'on opère le lavage de la roche pulvérisée, on entraîne le principe colorant avec l'argile et la portion siliceuse reste à peu près incolore au fond du vase. Or cet hydrate est soluble dans l'eau chargée d'acide carbonique ; nous avons donc dans la roche elle-même de quoi pourvoir les eaux de principes ferrugineux.

Des résultats semblables sont obtenus de l'analyse des grès ferrugineux qui dominent les micaschistes. Dans les porphyres on trouve encore le fer en abondance.

Je n'en ai pas rencontré dans les calcaires du Spitz. Ce calcaire, d'aspect saccharoïde, se dissout complètement dans l'acide chlorhydrique et ne renferme point de magnésie.

La présence du sulfate de chaux dans les eaux s'explique par les amas de gypse dont mention a été faite.

Les notions géologiques qui précèdent ne sauraient être taxées de digression, puisque nous les avons, autant que possible, étroitement rattachées à l'origine et à la constitution des eaux. L'hydrologue n'est pas toujours assez heureux pour saisir ces liens, souvent cachés dans la profondeur des régions souterraines.

*Les sources.* — On compte une quinzaine de sources dans les environs de Recoaro (1). Six sont captées et employées thérapeutiquement. Ce serait du temps perdu que de faire, à part, la description de chacune d'elles. Nous nous contenterons de les diviser en deux groupes : le premier comprenant la *Lelia*, la *Lorgna* et l'*Amara*,

_______________

(1) J'en ai trouvé une sur le Spitz, à 950 m., au milieu des prairies ; on en trouverait d'autres en cherchant avec soin dans la montagne ; cela n'a pas une grande importance.

qui sortent du Spitz, sur la rive gauche d'un petit torrent tributaire de l'Agno ; là se trouvent les buvettes et l'établissement. Le deuxième groupe comprend la *Giuliana*, qui naît dans la vallée de l'Orco, le *Franco* et le *Capitello* ou *Marianna*, qui naissent aussi dans de petites vallées latérales. Ces dernières, moins importantes, ne possèdent pas, à proprement parler, d'établissements et sont de l'autre côté de la vallée de l'Agno, à quelques kilomètres des premières. Nous allons tracer les caractères communs de ces sources médicinales en ayant soin de faire ressortir les particularités qui les distinguent.

Elles prennent naissance dans le terrain micaschisteux que nous avons dit faire le fond de la vallée, souvent au voisinage d'uu filon éruptif de dolérite. L'altitude de leurs points d'émergence n'offre pas assez de différences pour mériter d'être mentionnée. Elles n'ont point un débit considérable : la plus abondante, la Lelia donne environ 6,000 litres en vingt-quatre heures, la Lorgna et l'Amara, ensemble presqu'autant. La Giuliana va à 4,000 litres ; le Franco et le Capitello à 1,000 litres chacun. Elles sont froides : pour le premier groupe, 11° C. ; pour le second, 12 à 13. Nous avons fait remarquer plus haut que les sources ordinaires un peu abondantes avaient également 11° C., moyenne probable de l'année. Il ne faut pas attacher une grande importance à la différence de température entre les deux groupes, laquelle peut tenir à l'exposition, au moindre débit et surtout au captage, les sources de l'établissement se trouvant protégées par de grandes galeries qui forment des voûtes épaisses de maçonnerie. La conclusion à tirer de ces faits est que les sources minérales ont la même température que les sources communes et que les conditions d'origine doivent être analogues. La densité de la Lélia est de 1003,4 pour un résidu fixe de 2,8 ; la densité de la Giuliana de 1000,8 pour un résidu de 0,45.

Elles sont fortement gazeuses, et la présence du gaz carbonique se dénote par les signes habituels. La quantité de gaz libre varie de 0.77 gr. pour la Giuliana, à 1,83 gr. pour le Franco, c'est-à-dire près d'un volume. La Lelia, la plus riche en fer, en renferme 0,046 à l'état de carbonate ferreux ce qui fait environ 0,06 de bicarbonate. Les autres éléments, quoique secondaires, ne sauraient être passés sous silence : la somme des sels calcaires et magnésiens va jusqu'à 2 à 3 grammes par litre dans le premier groupe. Ces sels se retrouvent dans les sources d'eau potable venant de la même montagne. La Giuliana se distingue par la faible proportion des sels terreux ; elle est presque dépourvue de chlorures, lesquels sont du reste faiblement représentés partout ; quelques centigrammes de sels alcalins ne suffisent pas à lui mériter le nom d'alcaline, comme le voudrait le D$^r$ Bologna. En un mot, ce sont des eaux bicarbonatées ferrugineuses et séléniteuses.

Il existe plusieurs analyses anciennes, entr'autres celle de Melandri, professeur de chimie à Padoue. Le tableau reproduit l'analyse plus récente de la commission de Venise, 1862-64. L'acide des bicarbonates est calculé séparément ; rien de plus facile que de le leur restituer par le calcul proportionnel. Il nous a paru inutile de donner l'analyse de toutes les sources, et nous nous sommes contenté des deux types principaux.

Un examen rapide sur les lieux mêmes nous a permis de constater la présence de carbonates et de sulfates avec une petite quantité de chlorures. La chaux et la magnésie se sont manifestées comme bases principales. Quant au fer, sa présence se révélait, sans aucune concentration préalable de l'eau, par les réactifs habituels tanin, sulfure d'ammonium, cyanure jaune et rouge, etc. Une simple évaporation à siccité donnait un dépôt ocracé caractéristique ; ce dépôt se formait au fond d'un vase en contact avec l'air. L'eau potable de la maison Giorgetti, dont il a été question, m'a fourni les mêmes réactions, à l'exception de celles dues à la présence des carbonates terreux et du fer. Leur absence s'expliquait par le défaut d'acide carbonique, dissolvant naturel des carbonates ; de là les différences.

L'eau transportée, que j'ai examinée à l'hôpital de Milan, donnait encore des colorations assez sensibles avec les réactifs du fer.

Une monographie sur Recoaro ne serait pas complète si l'on ne disait quelques mots des sources sulfatées ferrugineuses de la contrée. La principale est la *Catuliana*, à deux heures de marche sur le côté gauche de la vallée. On la trouve à 850 m., au pied d'une grande montagne calcaire et au milieu des argiles dont les pyrites se sont oxydées. Le bassin de la source est creusé de main d'homme dans le terrain argileux, et les eaux de pluie y sont conduites pour opérer le lavage et la dissolution des sulfates ferrugineux. Il n'y a d'établissement que pour l'expédition, qui monte à 60,000 bouteilles par an. L'eau est jaune, acide, fortement styptique et noircit vivement le papier de noix de galle.

Elle contient du sulfate calcaire et environ 5 grammes
de sulfate-de fer par litre. Il existe dans le voisinage
plusieurs réservoirs de ce genre appartenant à des pay-
sans, réservoirs dans lesquels l'eau est colorée jusqu'à
la teinte lie de vin, le goût styptique intolérable. Une
autre source des environs, la *Virgiliana*, contient, en
outre, du sulfate de cuivre et de l'arsenic.

Il n'est pas rare de rencontrer dans les Alpes rhétiques des eaux martiales de ce genre : dans les environs
de Trente, Levico et Roncegno, l'*Acqua da bagno*, de
Levico, 6 grammes de sulfate de fer par litre. Dans le
Tessin, à 30 kilomètres de Bellinzona, l'*Acqua rossa di
Scerina*, où l'on compte 0,32 de carbonate ferreux et
0,23 de sulfate.

Au sujet de ces eaux martiales si riches en sulfates
de fer, nous ne pouvons que reproduire ici ce que nous
avons dit à propos de Ronneby en Suède et de l'eau
du Tintorini à Montecatini. Pour nous, ces eaux, analogues aux eaux de mine ou de lixiviation, ne sont point
de véritables sources médicinales, bien qu'elles soient
employées en médecine. Elles n'ont point d'ailleurs le
relief qu'on a voulu leur donner. Quand la minéralisation du sulfate de fer arrive à 4 ou 6 grammes par litre,
on peut encore les employer en bains, mais il devient
à peu près impossible de les boire sans les diluer, c'est-à-
dire sans les ramener aux conditions des sources moins
fortes. L'eau de la vieille source de Ronneby, l'*Acqua
da bibita* de Levico, peut encore se boire parcequ'elles
se rapproche des conditions de Passy et d'Auteuil.
Nous avons l'intention, dans un travail futur de spéci-
fier les applications des eaux sulfatées ferrugineuses.

## II. — HISTOIRE MÉDICALE DE LA STATION.

Cette seconde partie comprendra la cure ou le mode
de traitement, les effets sur l'organisme et les indications.

*La cure.* — Les eaux qui nous occupent s'emploient
presque uniquement en boisson. Jusqu'ici, les baigneurs
n'avaient que quelques baignoires à leur disposition, et
le nouvel établissement de bains n'était pas encore ou-
vert. Ce sera pour Recoaro une ressource de plus ; malheureusement le débit des sources ne répondra pas à
tous les besoins. Quant à la boue ou dépôt limoneux,
*Fango marziale,* elle est peu usitée ; j'ai appris qu'on
en faisait venir quelquefois d'Abano, près de Padoue.
Cela dit, nous nous occuperons uniquement de la boisson.

Le traitement commence sans autre préparation ; autrefois on débutait par un purgatif. Aujourd'hui encore,
le Dʳ Chiminelli administre un laxatif, s'il y a de l'em-
barras gastrique. Dans le cas de pléthore abdominale, il
fait mettre quelques sangsues à l'anus.

On vient boire le matin à la source Lelia et aux deux
sources d'en bas, captées sous une voûte inférieure.
Tout le mouvement se concentre sur la petite place qui
est entre la buvette et le nouveau casino ; cette petite
place ressemble beaucoup à celle de Gastein. Les malades indigents boivent le matin de bonne heure ; le
monde arrive vers huit heures, les uns à pied, les autres à âne ; enfin, vers neuf heures, les élégants : ces
derniers se réunissent dans un petit salon de lecture

attenant à la buvette où, moyennant une taxe supplé-
mentaire de 15 l. ils ont de l'eau à volonté et plus
promptement. L'animation est très-grande sur la place
jusqu'à midi, moment où le service des verres fait place
à l'embouteillage. Quelques personnes reviennent encore boire avant le souper.

La dose habituelle est de cinq à six verres contenant
une livre médicinale ou 1/3 de litre. Les médecins,
qu'on écoute peu, prescrivent d'aller progressivement
en commençant par deux ou trois verres. On met un
intervalle de quinze à trente minutes entre chaque
verre et l'on se promène dans la grande allée du côté
de l'ouest. La pente est trop rapide pour se diriger vers
la belle allée ombragée qui descend au bourg. Je n'ai
pas vu chauffer l'eau, ni la mêler à différents correctifs
comme en Allemagne. Cependant, pour les estomacs
faibles, il est permis de prendre, le matin de bonne
heure, avant toute ingestion d'eau ferrugineuse, une
boisson réconfortante, café, thé ou bouillon. On a con-
staté que le café noir aide à la digestion et à la tolé-
rance de l'eau. Une jeune anémique, que j'observais,
pouvait aller jusqu'à six verres en prenant alternati-
vement de petites tasses de café noir. On continue ainsi
pendant quinze à vingt jours, durée ordinaire du traitement; les femmes diminuent le nombre des verres
durant la période menstruelle.

L'eau peut se boire aux repas, coupée avec le vin ; le
vin blanc s'altère moins que le rouge ; le vin rouge du
pays, plus riche en principes acides qu'en tanin, est
très-supportable avec ce coupage.

Le régime n'a rien de spécial, une bonne nourriture

étant le plus souvent nécessaire aux visiteurs de Recoaro. Les repas sont pris soit aux heures allemandes, soit aux heures italiennes qui sont aussi les nôtres. Il ne faut pas oublier qu'on est là sur la frontière autrichienne et que les habitudes se ressentent un peu du voisinage.

Nous avons fait ressortir, à propos du climat, le contraste entre la chaleur de la journée, et la fraîcheur du soir ; il faut donc se munir de vêtements chauds. Vous verrez rarement un Italien manquer à ce précepte, les refroidissements du soir étant plus graves en Italie que dans nos climats.

Même observation à Recoaro qu'à Montecatini sur les allures indépendantes des malades. Ils consultent peu, se guidant sur les autres, sur les préceptes donnés dans les petits traités à l'usage du public. Aussi la cure ne se poursuit pas toujours régulièrement. Les uns boivent avec excès pour abréger le temps de l'épreuve ; j'ai entendu dire à un grand nombre de ces buveurs qu'il fallait absorber en tout une centaine de livres d'eau et que le temps ne faisait rien à l'affaire (1). Jugez des résultats de semblables doctrines. Une malade me montrait avec une certaine satisfaction son frère qui avait bu en une journée 30 verres (10 litres). Ceci me rappelait les tours de force que j'avais vu faire aux Célestins et à Contrexéville.

L'absence de direction conduit à diverses erreurs de régime.

(1) Credono che per ottenere la salute si debbano cambiarsi in viventi acquedotti, tanti si e la quantita d'acqua che vanno ad ingolare (Bologna).

Un monsieur âgé, de Padoue, sanguin, venait à Recoaro s'y reposer des grandes chaleurs, il se mit à boire
pour faire comme les autres; de violents maux de tête
le forcèrent de s'arrêter.

Un jeune grec, mon voisin de table, dyspeptique et
anémique, se figurait, qu'en prenant les eaux, il devait
se contenter, le matin, d'une simple tasse de café noir
jusqu'au dîner de deux heures. Il ressentait de la fai-
blesse, du malaise, de la tendance mélancolique. Je
n'eus pas de peine à lui faire comprendre que cette
espèce de jeûne était la seule cause des symptômes
éprouvés par lui.

Une dame égyptienne me fit réveiller la nuit pour des
accidents d'indigestion assez alarmants en apparence.
Au milieu de son traitement elle prenait des bains froids
et faisait abus de glaces, tout cela de son chef et sans
consulter personne.

J'ai déjà eu l'occasion, dans mes précédentes mono-
graphies, d'insister sur les inconvénients et sur les dan-
gers qu'entraîne le libre arbitre des malades mis en
possession d'un agent minéral qu'ils croient pouvoir
manier impunément à leur fantaisie.

*Effets physiologiques.* — Se soumettre soi-même à
une cure d'eau minérale, m'a toujours paru, quoi qu'en
dise mon savant confrère, M. Durand-Fardel, un moyen
de pénétrer un peu plus avant dans les mystères de son
action intime sur l'organisme. C'est ce que j'ai fait à
Recoaro, pendant douze jours, guidé par les conseils
du D' Chiminelli. Voici les résultats obtenus en joi-
gnant mon observation personnelle à celle d'autres

buveurs, avec qui je passais la matinée en causeries médicales.

L'eau a un goût piquant et atramentaire, le premier masquant un peu le second, et un arrière-goût séléniteux qui donne soif. Elle est, en général, bien digérée ; je ne la supportais que par demi-verres et plusieurs personnes se trouvaient bien d'imiter mon exemple. Elle augmente l'appétit et rend le ventre plus libre au bout de quelques jours ; je ressentis, le troisième jour, cet effet laxatif. Ce n'est point là l'influence habituelle des eaux ferrugineuses qu'on accuse, avec raison, de constiper ; mais il ne faut pas oublier que la proportion de sels calcaires et magnésiens s'élève jusqu'à 2 gr. 67 pour la source Lélia. Quant à la diurèse, elle s'explique suffisamment par l'abondance du véhicule aqueux ; certaines personnes étaient obligées de se lever la nuit. La diminution du ventre chez un assez grand nombre de buveurs semble indiquer une action sur le système porte, action, du reste, modérée.

J'insiste sur ce point, que nous n'avons nullement affaire à des eaux purgatives ; s'il en était ainsi, selon la juste remarque de Valentiner, elles cesseraient d'agir comme ferrugineuses. Or, il en est tout autrement et l'absorption du fer se révèle par le retour de la coloration et des forces, de la rougeur à la face avec tendance à la céphalalgie chez ceux qui n'en ont pas besoin. Nous sommes donc en face d'un agent tonique et reconstituant. Si nous considérons, dès lors, qu'un gramme d'oxyde de fer introduit dans le sang d'un anémique suffit, en moyenne, à la réparation globulaire, que chaque litre de la Lelia contient 0,06 de sel ferreux, soit, en nombre rond, 0,03 d'oxyde, il ne faudra pas plus de 30 à 40 litres pour arriver à la quantité nécessaire. C'est ce qu'on boit en une cure de quinze à vingt jours.

Des expériences de la physiologie pathologique moderne autoriseraient à croire que les sels calcaires sont pour quelque chose dans la reconstitution de l'organisme.

Il est hors de conteste que le gaz carbonique a la plus grande part dans la stimulation des fonctions digestives. Son action sur le système nerveux se traduit souvent, comme nous avons eu l'occasion de le répéter maintes fois, par des vertiges et de la céphalalgie. Ces petits accidents surviennent quand on boit trop ou trop vite. Il n'y a là qu'un simple contre-temps indiquant l'usage d'une eau moins gazeuse, la Giuliana, qui n'a qu'une moitié du gaz libre de la Lelia. Parlerai-je de quelques accidents gastriques par abus du liquide? Le Dr Chiminelli signale une fièvre des eaux, légère du reste, et d'autant moins qu'on n'a fait jusqu'ici qu'un usage exceptionnel des bains gazeux. Nous passerons donc sous silence les symptômes dus aux bains de l'eau ferrugineuse fortement gazeuse. Nous avons eu l'occasion d'observer ces phénomènes à Spa, à Schwalbach, à Driburg, à Pyrmont, localités où l'on donne beaucoup de bains. La cure prend alors un autre caractère, bien étudié par notre savant confrère, le docteur Valentiner, de Pyrmont. Mais ceci sortirait de notre cadre et serait presque un hors-d'œuvre dans l'état actuel de la station qui nous occupe.

*Indications.* — Nous retrouvons ici la plupart des indications thérapeutiques des eaux martiales.

Au premier rang, l'anémie et les états morbides qui en dérivent.

OBSERVATION. — J'ai eu l'occasion, pendant mon séjour, d'observer une famille entière d'anémiques habitant la ville de Padoue. La mère était bien portante, le père d'une santé délicate ; trois sœurs, entre quinze et vingt ans, et un frère plus jeune, présentaient les attributs du lymphatisme et le facies anémique très-caractérisé. Ils avaient fait plusieurs saisons, ce dernier en avait obtenu l'amélioration la plus marquée.

Mademoiselle X..., âgée de 19 ans, se faisait remarquer, parmi ses sœurs, par la décoloration extrême de la peau et des muqueuses. Elle avait le pouls faible, l'estomac capricieux. Elle buvait six verres qu'elle ne tolérait que par l'usage du café noir. Malheureusement sa répugnance pour le vin et la viande, son goût pour les pâtisseries et les fruits acides, ne lui permettaient pas de suivre un régime convenable et elle ne retirait pas du traitement le même fruit que ses sœurs.

J'ai vu un certain nombre d'anémiques venant des pays chauds (Recoaro est bien connu en Orient), parmi eux, je citerai le cas suivant :

OBSERVATION. — M. J. M..., consul en Grèce, 56 ans, tempérament nerveux, né de parents sains, d'une bonne constitution. Il habite, depuis quinze ans la Thessalie, supporte mal le climat en été, a été pris de fièvres intermittentes qui lui ont laissé un état de débilité. Il y a dix ans, une première saison de Recoaro lui avait

très-bien réussi dans les mêmes circonstances. Les
médecins de Trieste et de Vienne l'ayant jugé anémique lui ont conseillé d'y retourner.

A son arrivée, fin juillet 1875, il était faible, décou-
ragé, morose, sans appétit, éprouvant des bourdonne-
ments d'oreille. Il a fait une cure de trente jours; com-
•mençant par un verre jusqu'à cinq par jour. Il a eu de
la constipation, puis un peu de dérangement, puis des
selles régulières ; des urines plus abondantes. Au moment de son départ, il se sentait plus fort et d'humeur
plus gaie, avait le sommeil bon et l'appétit régulier.

J'ai observé une dame de Vérone venant à Recoaro
pour une anémie consécutive à des couches labo-
rieuses et, de plus, à une miliaire grave. Elle était arrivée, la première fois, dans un état complet d'atonie
et je la voyais presque rétablie.

Dans ma pensée, les doses d'eau minérale sont souvent trop élevées pour les chloro-anémiques. Ceux qui
sont d'un tempérament lymphatique les supportent
très-bien et vont, sans inconvénient, jusqu'à sept à
huit verres. Les sujets nerveux et irritables (en majo-
rité dans cette classe de maladies) ont grand besoin de
direction et ne doivent jamais suivre aveuglément la
routine. Ches eux, il faut commencer par des demi-
verres ou des quarts de verre et quelquefois ne pas
dépasser un litre par jour.

A côté des anémies, se rencontrent les névroses qui
leur sont intimement liées ; l'hypochondrie, l'hystérie,
la chorée et, d'une façon générale, les troubles fonction-
nels dus aux actions réflexes. Il y a aussi de simples
débilités du système musculaire, des parésies tenant à

l'état hystérique ; chez l'homme, des impuissances accompagnées ou non de pollutions. Dans ces derniers cas, les bains d'eau gazeuse apporteront de nouveaux éléments de succès, puisqu'ils ont fait ailleurs leurs preuves.

Les maladies de femmes se placent naturellement à la suite des anémies et des névroses. Celles que l'on voit sont ordinairement dépendantes de l'état anémique, dysménorrhée, coliques utérines troublant la menstruation, pertes blanches avec douleurs rénales, tendance à l'avortement, stérilité sans lésion matérielle, engorgements utéro-ovariques dont l'atonie générale empêche la résolution.

Les maladies que nous venons d'énumérer fournissent le contingent principal et les indications de premier ordre. N'oublions point toutefois que les eaux dont il est question, présentant une assez grande proportion de sels calcaires et magnésiens et agissant physiologiquement sur les organes abdominaux, trouvent des applications secondaires qui ne sont pas sans importance.

Par ces raisons, un assez grand nombre de maladies des voies digestives se traitent à Recoaro. Parmi elles, il en est encore qui reconnaissent pour cause prochaine l'anémie ou l'état nerveux : les gastralgies avec ou sans vomissements, les dyspepsies atoniques. La présence du gaz carbonique devient alors précieuse et le Franco est conseillé de préférence comme la plus gazeuse (un volume).S'il y a de la constipation, elle cède au bout de quelques jours à des doses plus fortes, surtout quand elle dépend du défaut de contraction musculaire. La présence des hémorrhoïdes n'est point une contr'indication ; elles sont même régularisées. La véritable contr'indication est l'état d'irritation intestinale. Quand la Lélia est mal supportée, on a recours aux sources plus faibles, la Giuliana, le Capitello. Je ne sais pourquoi l'Amara passe pour plus laxative que les autres.

Dans les maladies du foie, ictères, calculs, engorgements passagers, la dose de l'eau doit être augmentée (6 à 8 ou 10 livres par jour), à moins de symptômes inflammatoires. Les engorgements viscéraux, suite de fièvres, cèdent assez bien à ce traitement à la fois résolutif et tonique. Cependant, nous le répétons dans l'intérêt même de la station de Recoaro, il ne s'agit point ici d'une eau alcaline, et c'est aller beaucoup trop loin que de la comparer, comme l'ont fait certains auteurs, à Vichy et à Carlsbad. Ce sont là des analogies lointaines et des rapports forcés. Cette eau rend de grands services dans quelques maladies du foie ; elle en rend également dans quelques maladies des voies urinaires ; mais c'est étendre un peu trop ses applications que de vouloir combattre par elle la diathèse urique, ce qu'a fait le D<sup>r</sup> Bologna dans son écrit intitulé *Memorabili guarigioni*, 1875. Quelques observations ne sauraient établir une doctrine. Il invoque, sans raison suffisante, l'action des bicarbonates alcalins qui sont en quantité trop minime dans la Giuliana.

Les contr'indications sont le plus souvent exprimées d'une manière banale à la suite des indications. Nous nous contenterons de dire que l'état fébrile et les congestions ne constituent pas toujours des contr'indications chez les anémiques. Les eaux ferrées, agissant comme toniques sur les vaisseaux sanguins par l'intermédiaire des vaso-moteurs, font, au contraire, cesser ces phénomènes.

J'ajouterai que Recoaro est, dans certains cas, le complément ou le correctif d'une cure débilitante comme celle de Montecatini. En Allemagne, après Carlsbad ou Kissingen, on envoie à Schwalbach, à Pyrmont, à Driburg.

Nous avons dit, au commencement de ce travail, que la contrée était richement pourvue d'eaux ferrugineuses et nous avons indiqué les sulfatées similaires de la Catulliana. Il existe aussi des bicarbonatées du genre de Recoaro ; ce sont, dans le Trentin, *Rabbi* et *Pejo* déjà connu de Borsieri. J'ai entendu dire aux médecins de Venise que Pejo était appelé à faire une concurrence sérieuse à Recoaro. Jusqu'ici Pejo et Rabbi comptent peu de visiteurs, tant à cause de leur installation défectueuse que des difficultés de la route, la station du chemin de fer, Saint-Michel, étant éloignée d'une journée de voiture.

Ces eaux conviennent pour l'exportation ; elles sont froides, 9 à 10° cent. ; renferment plus d'un volume de gaz carbonique et une proportion de fer supérieure. La présence du carbonate de soude, environ 1 gramme par litre, justifierait le titre d'alcalines et répond à quelques indications spéciales.

Plus loin, se trouvent Santa-Caterina et Saint-Moritz, la première en Italie, non loin de Bormio, la seconde dans l'Engadine, à une altitude à peu près égale et qui approche de 1,800 m. L'installation de St-Moritz est bien supérieure à celle de Santa-Caterina, et la vogue y pousse les étrangers depuis quelques années. Des deux côtés, le voyage est long et pénible. L'altitude tout à fait insolite de ces bains alpestres répond à des cures particulières. La saison est trop courte à cause du climat. Quant à la minéralisation, St-Moritz contient en bicarbonate de protoxyde de fer, le même chiffre que Recoaro en carbonate. (*Voir le tableau page ci-contre.*)

Santa-Caterina dépasse cette quantité. A Saint-Moritz le débit considérable permet de donner un grand nombre de bains. A tout prendre, Recoaro conserve ses avantages.

Si nous poursuivons ce parallèle rapide, en sortant des Alpes rhétiques et en prenant pour terme de comparaison les principales sources ferrugineuses du continent, Spa, Pyrmont et Driburg, Schwalbach, Kœnigswart en Bohême, nous constaterons qu'elles sont un peu plus riches que Recoaro en bicarbonates ferreux, mais qu'elles sont constituées de la même façon, et que la plupart renferment à côté du fer des sels calcaires et magnésiens.

Recoaro occupe donc en Italie la première place comme station d'eau ferrugineuse ; elle se range honorablement dans le groupe des eaux ferrugineuses bicarbonatées qui sont très-supérieures aux sulfatées, et cette supériorité thérapeutique s'affirme par l'opinion des médecins éclairés qui envoient les malades dans ces stations et par le concours empressé des malades eux-mêmes qui ont aussi leurs opinions et leurs préférences.

## ANALYSE DE LA COMMISSION DE VENISE

|  | LELIA. | GIULIANA. |
|---|---|---|
| Acide carbonique libre................ | 1,462 | 0,769 |
| Acide carbonique des bicarbonates..... | 0,359 | 0,185 |
| Carbonate de protoxyde de fer......... | 0.046 | 0,028 |
| — de protoxyde de manganèse. | 0,003 | 0,002 |
| — de chaux.................. | 0,769 | 0,181 |
| — de magnésie............... | 0,004 | 0,162 |
| — de soude.................. |  | 0,010 |
| Chlorure de magnésium............. | 0,005 |  |
| — de sodium................. |  | 0,002 |
| Sulfate de chaux..................... | 1,243 | 0,007 |
| — de magnésie.................... | 0,660 |  |
| — de potasse..................... | 0,016 | 0,011 |
| — de soude...................... | 0,032 | 0,017 |
| — d'ammoniaque................. | 0,008 | 0,003 |
| Silice............................ | 0,013 | 0,023 |
| Lithine............................ | traces | traces |
| Total..... | 4,610 | 1,395 |

Paris. — Typ. A. PARENT, rue Monsieur-le-Prince, 29-31.